T/CAGHP 078—2020

目　次

前言	Ⅲ
引言	Ⅴ
1 范围	1
2 规范性引用文件	1
3 术语	1
4 总则	3
5 地表变形监测	5
5.1 一般规定	5
5.2 监测网布设	5
5.3 监测点布设	6
5.4 监测仪器	8
5.5 监测技术要求	8
5.6 地表裂缝监测	9
5.7 地形地貌及植被监测	10
6 岩层内部变形监测	10
6.1 一般规定	10
6.2 监测断面、孔(点)布设	10
6.3 监测设备安装技术要求	11
7 地下(表)水监测	11
7.1 一般规定	11
7.2 监测点布设	11
7.3 监测方法、仪器及精度	11
8 资料处理	12
8.1 一般规定	12
8.2 地表变形监测资料整理要求	12
8.3 岩层内部变形监测资料整理要求	12
8.4 地下(表)水监测资料整理要求	12
8.5 监测成果报告内容	12
附录 A (资料性附录) 自动化监测	14
附录 B (资料性附录) 采空塌陷区水平位移速率统计	16
附录 C (资料性附录) 采空塌陷区垂直位移速率统计	17
附录 D (资料性附录) 地表移动变形计算	18

Ⅰ

前　言

本规范按照GB/T 1.1—2009《标准化工作导则　第1部分：标准的结构和编写》给出的规则起草。

本规范附录A、B、C、D均为资料性附录。

本规范由中国地质灾害防治工程行业协会提出并归口。

本规范主编单位：中国煤炭科工集团西安研究院有限公司。

本规范参编单位：陕西省水利电力勘测设计研究院、广东省地质环境监测总站。

本规范主要起草人：刘天林、刘小平、曹晓毅、王玉涛、张宝元、刘浩琦、赵文豪、刘新星、田延哲、白仲荣、李姗、李友成、刘斌、杨西林、王健、赵玮、房刚、郑志文、龙文华、卿展晖、叶珊、梁乃森。

本规范由中国地质灾害防治工程行业协会负责解释。

引 言

为提高采空塌陷防治监测技术水平，统一技术标准，规范监测行为，贯彻执行国家的技术经济政策，做到安全适用、技术先进、经济合理、确保质量、节约能源、保护环境，特制定本规范。

本规范在充分研究国内外有关采空塌陷地质灾害较为成熟的监测方法和技术标准的基础上编写而成，并以各种方式充分征求了全国有关单位和专家的意见，经反复修改完善，最终审查定稿。

T/CAGHP 078—2020

采空塌陷地质灾害监测规范(试行)

1 范围

本规范规定了采空塌陷地质灾害的监测项目、方法、仪器、精度、数据处理及成果编制等内容的技术要求。

本规范适用于煤矿地下开采引发的地表变形、岩层内部变形、地下(表)水变化、地形地貌及植被破坏的监测工作,其他矿种开采引起的采空塌陷监测工作可参照执行。

2 规范性引用文件

下列文件对于本规范的应用是必不可少的。凡是注明日期的引用文件,仅所注日期的版本适用于本规范。凡是不注明日期的引用文件,其最新版本(包括所有的修改单)适用于本规范。

GB/T 12897 国家一、二等水准测量规范
GB/T 12898 国家三、四等水准测量规范
GB/T 18314 全球定位系统(GPS)测量规范
GB 50026 工程测量规范
GB 51044 煤矿采空区岩土工程勘察规范
GB 51180 煤矿采空区建(构)筑物地基处理技术规范
DZ/T 0133 地下水动态监测规程
DZ/T 0154 地面沉降水准测量规范
HJ/T 91 地表水和污水监测技术规范
JGJ 8 建筑变形测量规范
JTG/T D31—03 采空区公路设计与施工技术细则
SL 58 水文测量规范
T/CAGHP 005 采空塌陷勘查规范(试行)
T/CAGHP 012 采空塌陷防治工程设计规范(试行)
T/CAGHP 059 采空塌陷防治工程施工技术规范(试行)
YS/T 5226 水质分析规程
建筑物、水体、铁路及主要井巷煤柱留设与压煤开采规范
煤矿测量规程

3 术语

下列术语和定义适用于本规范。

3.1
采空塌陷 goaf collapse

由于地下资源开采形成空间,造成上部岩土层在自重作用下失稳而引起的地面塌陷现象。

3.2
采空塌陷区 mined-out area

地下固体矿床开采后,引起其围岩失稳而产生位移、开裂、破碎垮落,直到上覆岩层整体下沉、弯曲所引起的地表变形和破坏的区域或范围。

3.3
关键层 key stratum

对采场上覆岩层局部或直至地表的全部岩层活动起控制作用的岩层。

3.4
地表移动盆地 subsidence trough

由采矿引起的采空塌陷上方地表移动的范围。

3.5
壁式采煤法 wall mining

采煤工作面较长,工作面的两端巷道分别作入风和回风、运煤和运料用,采出的煤炭平行于煤壁方向运出工作面的采煤方法。

3.6
房柱式采煤法 room-and-pillar mining

沿巷道每隔一定距离先采煤房直至边界,再后退采出煤房之间煤柱的采煤方法。

3.7
地表变形监测 surface deformation monitoring

在一定时期内,对岩土体的地表水平位移、沉降、倾斜、裂缝等现象,进行周期性的或实时的测量工作。

3.8
岩层内部变形监测 stratum deformation monitoring

在一定时期内,对岩层内部的位移进行周期性的或实时的测量工作。

3.9
地表下沉值 surface vertical subsidence

地表移动盆地内地表点移动矢量的竖直分量,常用 mm 或 m 表示。

3.10
地表水平移动值 surface horizontal displacement

地表移动盆地内地表点移动矢量的水平分量,常用 mm 或 m 表示。

3.11
地表倾斜值 surface tilt

地表移动盆地内地表两相邻点的下沉值之差与水平距离之比,常用 mm/m 表示。

3.12
地表水平变形值 surface horizontal deformation

地表移动盆地内地表两相邻点的水平移动值之差与水平距离之比,常用 mm/m 表示。

3.13
地表曲率值 surface curvature

地表两相邻线段倾斜之差与水平距离平均值之比，常用 mm/m^2 表示。

3.14
变形速率 rate of deformation

单位时间的变形量。

3.15
离层量 bed separation volume

顶板不同岩层之间由于不同步下沉而产生的层与层之间的下沉量之差。

3.16
变形监测点 deformation observation point

建在能够反映被监测体位移及变化特征位置上的点。

3.17
基准点 reference point

为进行变形监测而布设的稳定的、需长期保存的测量控制点。

3.18
工作基点 working reference point

用于直接对变形监测点联测的相对稳定的测量控制点。

3.19
监测频率 frequency of monitoring

单位时间内的监测次数。

3.20
监测预警值 prewarning value of monitoring

为确保监测对象安全，对监测对象变化所设定的监控值，用以判断监测对象变化是否超出允许范围、是否会发生地质灾害。

3.21
合成孔径雷达 synthetic aperture radar(SAR)

利用雷达与目标的相对运动，把尺寸较小的真实天线孔径用数据处理的方法合成较大的等效天线孔径的雷达。

4 总则

4.1 采空塌陷监测应充分收集项目区地质采矿资料，分析研究矿体及围岩赋存条件、水文地质条件、地下开采活动、地下水抽采状况等，合理判定并划分采空塌陷区、未开采区。

4.2 采空塌陷监测的目的是监测项目区岩(土)体变形、地下(表)水变化、地形地貌及植被破坏的过程，为地质灾害防治提供技术依据。

4.3 采空塌陷监测内容包括地表变形监测、岩层内部变形监测、地下(表)水变化监测、地形地貌及植被破坏监测等。

4.4 采空塌陷监测应考虑监测目的、地质及采矿条件、威胁对象、稳定状态等因素，制定合理的技术方案。

4.5 下列情况应进行采空塌陷监测：
   a) 新建矿区（山）首采工作面开采时。
   b) 对地表建（构）筑物及人民生命财产安全构成重大威胁时。
   c) 在不稳定采空塌陷区进行重大工程建设时。
   d) 有特殊要求时。

4.6 采空塌陷监测范围应根据保护对象、围护带宽度、岩（土）层埋深、移动角等参数计算确定。

4.7 采空塌陷监测等级应按表1划分，采空塌陷规模应按表2划分。

表 1 采空塌陷监测等级划分

监测等级		一级	二级	三级
规模		大	中	小
稳定性		不稳定	基本稳定	稳定
危害对象	建筑物	国家文物建筑物、高度超过100 m的超高层建筑、核电站等特别重要的工业建筑物、在同一跨度内有两台重型桥式吊车的大型厂房、办公楼、医院、剧院、学校等	长度大于20 m的二层楼房和二层以上多层住宅楼、钢筋混凝土框架结构的工业厂房、设有桥式吊车的工业厂房、总机修厂等较重要的大型工业建筑物，城镇建筑群或者居民区等，砖木、砖混结构平房或者变形缝区段小于20 m的二层楼房，村庄民房等	村庄木结构承重房屋等
	构筑物	高速公路、特大型桥梁、落差超过100 m的水电站坝体、大型电厂主厂房、机场跑道、重要港口、国防工程设施、大型水库大坝等，特高压输电线塔、大型隧道、输水（油、气）管道干线、矿井主要通风机房等	110 kV及以上高压线塔（电杆）、架空索道塔架、移动通信基站、省级一级公路以及重要河（湖、海）堤、库（河）坝、船闸等	省级二级公路等
	铁路	国家高速铁路、一级铁路、城际铁路和客货共线铁路等	国家二级、三级铁路等	四级铁路等
注1：采空塌陷稳定性等级划分可依照《煤矿采空区岩土工程勘察规范》（GB 51044）确定。				
注2：凡未列入本表的建（构）筑物，可以依据其重要性、用途等类比其等级归属。对于不易确定者，可以进行专门论证审定。				

表 2 采空塌陷规模划分

规模等级	采空塌陷面积/km²	采高/m
大	>0.5	>7
中	0.1～0.5	3～7
小	<0.1	<3
注：根据采空塌陷面积及采高对采空塌陷规模划分时，遵循就高不就低原则。		

4.8 根据监测等级,按表3确定监测项目。

表3 采空塌陷监测项目确定

监测项目	监测等级		
	一级	二级	三级
地表变形监测	应测	应测	应测
裂缝监测	应测	应测	应测
岩层内部变形监测	应测	宜测	可测
地下(表)水监测	可测	—	—
注:当矿山排水对项目区地下水产生影响或在采空塌陷区进行水利水电工程建设时,应进行地下(表)水监测。			

4.9 采空塌陷监测方案制定应遵循技术可行、经济合理的原则,积极推广使用新技术、新工艺。

4.10 采空塌陷地质灾害监测等级为一级时,应采用光纤监测等技术进行"立体式"连续监测。

4.11 采空塌陷建(构)筑物变形监测时,应充分考虑采空塌陷稳定状态,结合建(构)筑物结构类型与地基基础形式,构建采空塌陷与地面建(构)筑物一体化监测系统。变形监测系统应同时满足采空塌陷变形监测与地面建(构)筑物沉降监测技术要求。地面建(构)筑物沉降监测按照《建筑变形测量规范》(JGJ 8)执行。

4.12 在经济、技术条件具备的情况下,宜采用数据自动化采集与实时在线监测预警技术。自动化监测方法及内容参照附录A执行。

4.13 监测所用仪器、设备和元件的标定、检验及维护在满足国家有关标准规定的基础上,并应符合下列要求:
   a) 满足监测精度和量程的要求。
   b) 耐久实用,具有良好的稳定性和可靠性。
   c) 标定或校核记录资料齐全,在规定的有效期内使用。
   d) 定期进行维护保养、检测及检查。

4.14 采空塌陷对建(构)筑物及人民生命财产安全构成重大威胁时,应立即开展专业监测,制定应急预案,加强群测群防与专人巡查工作。

4.15 加强对监测仪器及监测点的保护,必要时应设置专门的保护装置或设施。

4.16 采空塌陷监测除应符合本规范的规定外,尚应符合国家现行有关标准的规定,除使用本规范规定的各种方法外,亦可采用能满足本规范规定技术要求的其他方法。

5 地表变形监测

5.1 一般规定

5.1.1 采空塌陷地表变形监测项目包括水平位移、垂直位移和地表裂缝监测。

5.1.2 采空塌陷地表变形监测应在监测数据的基础上,总结地表变形特征,预测发展趋势。

5.1.3 采空塌陷地表变形可采用多种方法进行监测,数据应互相校核验证综合分析。

5.2 监测网布设

5.2.1 监测网包括基准点、工作基点及监测点。

5.2.2 监测基准点及工作基点应布设在不受采空塌陷、自然灾害及其他人类工程活动影响的稳定区域。

5.2.3 每个监测工程的基准点不少于3个。工作基点应布设在稳定且方便使用的位置，对于通视条件较好的小型工程，可不设立工作基点，在基准点上直接测定监测点。

5.2.4 根据监测对象重要性、变形敏感性等指标及监测等级划分结果，按照表4确定监测等级及精度。

表4 监测等级及精度划分表

监测精度	监测等级		
	一级	二级	三级
监测点的高程中误差/mm	0.5	1.0	2.0
相邻监测点高差中误差/mm	0.3	0.5	1
监测点的点位中误差/mm	3.0	6.0	12.0

注1：监测点的高程中误差和点位中误差，是指相对于邻近基准点的中误差。
注2：对于采空塌陷地面建(构)筑物重要性不同、结构类型多样、地基敏感性差异大的监测工程，可选择不同的监测等级及精度。
注3：新建矿区(山)首采工作面监测等级不低于二级。

5.2.5 监测基准网等级及精度，应根据监测等级及精度要求确定。监测基准网建立应符合《工程测量规范》(GB 50026)。

5.2.6 水平位移监测基准网可采用测角网、测边网、边角混合网、导线网、GPS网或BDS(北斗卫星导航系统)网等。测量方法可采用测角、电磁波测距、附合导线、GPS或BDS测量等。各种布网应考虑图形强度，相邻边长相差不宜超过1/3，交会角应大于30°或小于150°。

5.2.7 垂直位移监测基准网应布设成闭合环、结点网或附合高程路线。垂直位移监测基准网监测方法可采用几何水准测量、液体静力水准测量等方法。

5.2.8 监测线按以下原则布设：
 a) 新建矿区(山)首采工作面，宜沿工作面走向主断面布设1条、倾向主断面布设1条~2条。
 b) 对于壁式开采所形成的采空塌陷，应结合地面工程平面布局及单体建(构)筑物变形监测的要求，在平行移动盆地的走向主断面上布设1条、倾向主断面布设1条~2条。
 c) 对于房柱式、巷柱式、旺氏等不规则开采所形成的采空塌陷，宜结合地面工程平面布局及单体建(构)筑物变形监测要求网格状布设。
 d) 对受采空塌陷影响的线性工程，宜平行轴线方向布设。
 e) 对有特殊要求的工程，应进行专题研究。

5.3 监测点布设

5.3.1 根据采空塌陷目前稳定状态、未来变化趋势和工程建设技术要求，结合矿层地质条件、开采深度、开采方式及塌陷特征等进行采空塌陷地表变形监测点布设。

5.3.2 新建矿区(山)首采工作面地表变形监测点间距应按表5确定。

表 5 新建矿区(山)首采工作面地表监测点间距

开采深度 H/m	<50	50～100	100～200	200～300	>300
监测点间距 L/m	5	5～10	10～15	15～20	20～25

5.3.3 除新建矿区(山)首采工作面之处的采空塌陷,监测点间距按表6确定。

表 6 其他采空塌陷监测点间距

开采深度 H/m	<50	50～100	100～200	200～300	300～400	>400
监测点间距 L/m	10	10～20	20～30	30～40	40～50	50

5.3.4 新建矿区(山)首采工作面地表变形监测点宜均匀布设,采空塌陷移动盆地周边的监测点应加密布设,盆地中间区域监测点间距可适当增大。

5.3.5 对于房柱式、巷柱式、旺氏等不规则开采所形成的采空塌陷,应结合地面工程布局及单体建(构)筑物变形监测要求均匀布设。

5.3.6 在地貌单元分界、褶皱、断层、岩层露头、上岩界线等地形地质条件变化及变形敏感的建(构)筑物部位,监测点应加密布设。

5.3.7 监测周期及频率应符合以下要求:

a) 新建矿区(山)首采工作面地表变形监测基准点与工作基点联测后,应对监测点进行2次全面监测,之后每30 d～90 d监测1次。当监测点下沉值达到50 mm～100 mm时,应进行采动后首次全面监测。活跃期内,监测次数不少于4次。当180 d内累计下沉值小于30 mm时,可停止监测。

b) 除新建矿区(山)首采工作面之外的采空塌陷监测,宜从勘察阶段开始至地面工程竣工验收后1 a～2 a,或经监测资料分析确认采空塌陷处于稳定状态且对地面工程无影响时,可终止监测。

c) 采空塌陷勘察期,壁式开采的监测频率按表7确定,其他开采方式的监测频率宜适当增加。采空塌陷治理及地面建(构)筑物建设施工期,监测频率宜为每14 d～28 d监测1次。采空塌陷地面建(构)筑物竣工后,监测频率宜为每30 d～60 d监测1次,当180 d内地表变形累计下沉量小于10 mm时,可每半年监测1次。

表 7 壁式开采采空塌陷勘察期监测频率取值

开采深度 H/m	<50	50～100	100～200	>200
监测频率	1次/(10 d～20 d)	1次/(20 d～30 d)	1次/(30 d～60 d)	1次/60 d

d) 监测过程中发生下列情况之一时,应及时报告委托方,并调整变形监测方案,增加监测频次:
   1) 变形量或变形速率出现异常变化。
   2) 变形量达到或超过预警值(表8)。

表8 监测预警值

监测项目	下沉速率值 V_w /(mm·d^{-1})	倾斜值 Δi /(mm·m^{-1})	曲率值 ΔK /(×10^{-3}·m^{-1})	水平变形值 $\Delta \varepsilon$ /(mm·m^{-1})
预警值	1.0	3~10	0.2~0.6	2~6 |// 注:监测预警值应根据采空塌陷上部结构对地基变形的适应能力和使用上的要求及设计要求综合考虑。

  3) 采空塌陷区突发沉陷、塌陷、滑坡等不良地质现象。
  4) 建(构)筑物及周边建筑、地表发生变形异常。
  5) 地震、地下水抽放、邻近矿区复采等因素引起其他异常。

5.4 监测仪器

5.4.1 地表变形监测应根据监测等级及精度选择合适的仪器。

5.4.2 地形地貌复杂、人工监测存在安全风险时,宜安装自动化监测仪器。

5.5 监测技术要求

5.5.1 监测过程中,应确保监测人员及监测仪器的安全。

5.5.2 对同一监测项目,宜符合下列要求:
  a) 采用相同的监测方法和监测路线。
  b) 使用同一监测仪器和设备。
  c) 固定监测人员。
  d) 在基本相同的环境和条件下工作。

5.5.3 水平位移监测可根据监测要求及监测环境选择下列方法:
  a) 测量特定方向上的水平位移时,宜采用视准线法、小角度法。
  b) 测量任意方向上的水平位移时,可采用前方交会法、后方交会法、边角交会法、极坐标法、电磁波测距导线法等。
  c) 当工作基点与监测点无法通视或距离较远时,可采用GPS测量法。

5.5.4 视准线法测量水平位移应符合下列规定:
  a) 适用于直线边的水平位移监测,监测仪器应架设在变形区外,且测站与基准点、工作基点及监测点不宜太远。
  b) 基准点、工作基点及监测点偏离基准线的距离不应大于20 mm,并应测量活动觇牌的零位差。

5.5.5 小角度法测量水平位移应符合下列规定:
  a) 适用于不在同一直线上或分布不规则的基准点、工作基点及监测点。
  b) 仪器应架设在监测区外,且测站点与监测点不宜太远,起始方向与工作基点到基准点、工作基点及监测点的夹角宜小于5°。

5.5.6 交会法及极坐标法测量水平位移应符合下列规定:
  a) 测角交会法宜采用三点交会法,交会角应在30°~150°之间,基线边长不大于600 m。
  b) 边角交会法、导线测量法、极坐标法进行水平位移监测时,边长不得大于1 000 m,其误差可按误差理论公式估算监测精度。

5.5.7 GNSS测量水平位移应符合下列规定：
   a) GNSS测量法宜将基准点、工作基点及监测点布设成网，长短边相差不宜太悬殊。
   b) GNSS监测时应与基准点组网联测，统一平差计算。
   c) GNSS测量法采用GNSS网最弱边相对中误差来评定监测精度。

5.5.8 水平位移监测点可设置强制对中装置，或采用精密的光学对中装置，对中误差不宜大于0.5 mm。

5.5.9 垂直位移监测可采用几何水准、液体静力水准、电磁波测距三角高程导线或GPS高程测量等方法。各垂直位移监测点与水准基准点或工作基点应组成闭合环路或附合水准路线进行平差计算。

5.5.10 垂直位移监测仪器选用应符合下列规定：
   a) 一、二级监测项目宜使用不低于DS05型水准仪和铟钢水准标尺、铟钢条码尺。水准仪视准轴与水准管轴的夹角i不超过±10″。
   b) 三级监测项目可使用不低于DS1型水准仪和红、黑双面木标尺，或采用全站仪三角高程测量方法，视准轴与水准管轴的夹角i不超过±15″。
   c) 对精度要求不高的大面积竖向位移监测，可使用经过大地水准面精化后的GPS拟合高程测量。

5.5.11 监测项目初始值应在监测标志埋设完成并稳固后测量，取至少2次独立、连续监测值的平均值。

5.6 地表裂缝监测

5.6.1 新建矿区（山）首采工作面开采引起的采空塌陷区，应监测工作面上方采动影响区内的地表贯通性裂缝。地面存在建（构）筑物的采空塌陷区，应对建（构）筑物产生影响的主要裂缝进行监测。

5.6.2 地表裂缝监测包括分布范围、发育规模、主（次）裂缝长度、走（倾）向、宽度、深度、张开与闭合等随时间变化情况。

5.6.3 地表裂缝监测点宜布设在裂缝较宽、变形速率较大或靠近威胁对象等处。

5.6.4 地表裂缝监测点不少于3组，应成对布设在裂缝两侧，使用两个对应标志，并统一编号。

5.6.5 根据采空塌陷地表裂缝发育特征及危害程度，可采用简易监测、专业监测方法。

5.6.6 地表裂缝简易监测可采用贴纸条、钢尺、皮尺等简单易行的工具进行测量。

5.6.7 地表裂缝专业监测可采用精密钢尺、游标卡尺、百分表、钢尺收敛计、位移传感器、全站仪等专业仪器设备进行测量。

5.6.8 地表裂缝监测周期应与地表变形监测周期保持一致，可根据裂缝变化速度进行调整。当发现裂缝加大时，应及时增加监测频次。

5.6.9 地表裂缝监测标志安装稳固，应具可供量测的明晰端面或中心。量测时应采取有效措施确保垂直位移、水平位移的准确性。

5.6.10 地表裂缝平面位置应准确测量，并绘制在含有井下采掘资料的地形图上。

5.6.11 根据地下采矿活动及采空塌陷变形特征，应及时整理地表裂缝监测数据，将地表裂缝与地表变形监测数据等成果进行综合分析。

5.7 地形地貌及植被监测

5.7.1 地形地貌可采用合成孔径雷达(SAR)、合成孔径雷达干涉测量(InSAR)、无人机搭载摄像机、人工巡视等方式进行监测。

5.7.2 植被破坏可采用遥感、巡视及无人机搭载摄像机等方式进行监测。

5.7.3 采空塌陷引发地形地貌发生显著变化、诱发其他地质灾害时,应及时上报,并采取必要的处治措施。

6 岩层内部变形监测

6.1 一般规定

6.1.1 根据表1监测工程等级划分结果,当监测等级为一级或存在下列情况时,应进行采空塌陷岩层内部变形监测:
 a) 新建矿区(山)首采工作面及生产矿井重复开采区。
 b) 地质条件复杂、多层开采条件下的工程建设场地。
 c) 存在建(构)筑物地基变形敏感、渗漏与渗透破坏等特殊问题的场地。

6.1.2 岩层内部变形监测钻孔可采取地面成孔或井下成孔方式。

6.1.3 岩层内部变形应监测垂直位移,可监测倾斜位移。垂直位移监测可采用多点位移计、沉降仪、光纤等监测仪器,倾斜位移可采用固定式测斜仪、便携式测斜仪等仪器。

6.1.4 岩层内部变形监测周期应与地表变形监测周期保持一致,可根据变形速度变化调整。当发现变形速率加大时,应及时增加监测频次。

6.1.5 岩层内部变形监测钻孔施工过程中,应做好瓦斯气体突出、采场涌水等安全防护措施,监测仪器及设备应满足防爆、防水、防尘、防火等矿山安全生产技术要求,确保监测工程实施及矿山生产安全。

6.1.6 根据项目区地质条件、矿山灾害风险等级及生产管理要求,岩层内部变形监测工程实施前应编制专项安全实施方案。

6.1.7 监测仪器主要技术指标应满足采空塌陷监测精度要求。

6.2 监测断面、孔(点)布设

6.2.1 岩层内部变形监测断面宜按矿层走向或倾向布设,不少于2条,每条监测断面布设2~3个监测钻孔。当采空塌陷区地面建(构)筑物工程重要性等级高、地基基础变形敏感时,监测钻孔应靠近建(构)筑物布设。

6.2.2 采用多点位移计、固定式测斜仪进行岩层内部变形监测时,岩层内部变形监测钻孔的观测点应布设在基岩顶部、关键层、导水裂隙带等位置,每个监测钻孔内监测点数量不少于4个。

6.2.3 采用光纤技术进行岩层内部变形监测时,宜构建全分布式光纤、等距定点光纤、不等距定点光纤相结合的多回路监测系统。

6.2.4 岩层内部变形监测钻孔孔口附近0.5 m范围内应设置1~2个地表变形监测点。

6.3 监测设备安装技术要求

6.3.1 岩层内部变形监测孔可利用采空塌陷勘察、注浆施工或工后质量检测的钻孔，终孔孔径应满足监测设备安装要求。

6.3.2 监测设备安装前应对监测孔进行扫孔、洗孔、测斜、测深等工作，并在地面对监测设备检验、检测、标定、组装与调试，监测设备连接杆件应排列整齐、连接牢固、密封可靠。

6.3.3 监测设备、灌浆管、排气管等一次性整体送入孔内，待下放至设计位置后，应利用与所监测目标地层变形模量相当的充填材料，采用自下而上的灌浆固结施工工艺，进行封孔施工。

6.3.4 监测仪器设备应及时安装，专业化施工。安装过程中应采取相应防护措施，确保仪器设备完好、正常工作，尽量减小对主体工程的影响。

6.3.5 仪器设备安装埋设后，应及时填写安装埋设记录表。记录内容应详细、完整、准确、可靠。

7 地下（表）水监测

7.1 一般规定

7.1.1 当采空塌陷区地下（表）水对工程建设产生不利影响、工程建设对地下（表）水产生不利影响、矿山排水影响矿区地下水环境时，应进行地下（表）水监测。

7.1.2 监测项目主要包括采空塌陷区的大气降雨、水位、水压、流量、水温、水质等内容。

7.1.3 采空塌陷区地下水为生活、农业、工业用水时，应依据其水质评价标准，确定水质分析项目。水质分析应执行《水质分析规程》(YS/T 5226)。

7.1.4 地下（表）水监测时，宜采取自动监测系统，及时掌握地下采矿对地下（表）水的影响。

7.1.5 地下（表）水监测应考虑周边矿区井下排水对地下水的影响。

7.2 监测点布设

7.2.1 每座矿山水位、水压、流量、水温的监测点，不少于3组，可根据矿山开采的盘区、采区、工作面及危害对象的实际情况，增加监测点数量。

7.2.2 降雨量监测站宜布设在采空塌陷区周边较空旷平坦地区，应避开强风区、对降雨量有影响的树木区、建（构）筑物区以及烟尘区等区域。

7.3 监测方法、仪器及精度

7.3.1 大气降雨量可选用雨量器、虹吸式雨量计、翻斗式雨量计等仪器进行监测。

7.3.2 水位（压）监测可采取人工监测或自动化监测。人工监测可采用钢卷尺、测绳、导线等测量工具，每次应测两次，间隔时间不小于1 min；当两次测量数值之差超过2 cm时，应重新进行测量。自动监测可采用压力式水位监测、超声波水位监测等方法。

7.3.3 流量可采用人工监测或自动化监测。人工监测可采用水表法、水泵出水量统计法等方法。自动监测可采用水表、超声波流量计、电磁流量计等方法。

7.3.4 水温监测可采取人工监测或自动化监测。人工水温监测时，应连续测量两次，当两次测量数据之差大于0.4 ℃时，应重新测量。

7.3.5 地下（表）水监测精度、频率应满足监测工程技术要求，宜符合表9规定。

表9 地下(表)水监测精度及频率

监测项目	降雨量	水位	水质	水量	水温	水压
监测精度	0.2 mm	2 cm	/	0.01 m³	0.1 ℃	2 kPa
监测频率	3次/30 d	1次/30 d	4次/a	3次/30 d	1次/90 d	视情况而定

注1：对于多年平均降雨量大于800 mm的地区，以及降雨量在400 mm～800 mm之间，但汛期雨量大且占全年降雨量60％以上的地区，降雨量监测精度可记至0.5 mm。
注2：监测频次可根据监测工程实际情况增减。

8 资料处理

8.1 一般规定

8.1.1 监测时，应及时整理测量资料，保证资料完整性。监测工程完成后，应对资料分类合并，整理装订。自动记录器记录的数据，应注意监测时间和监测点号等的正确性。

8.1.2 每期监测结束后，应剔除异常数据，依据测量误差理论和统计检验原理对监测数据进行平差计算处理。

8.1.3 监测报告包括监测点位布置图、监测成果表、位移矢量图、变化时程曲线、监测分析总结、监测仪器检定资料及其他必要的附件。

8.2 地表变形监测资料整理要求

8.2.1 地表变形监测数据处理可按附录B、附录C、附录D格式进行计算分析。

8.2.2 计算监测点的下沉值W、水平移动值U、倾斜值i、曲率值K、水平变形值ε、下沉速率值V_w、移动角、边界角等变形值。

8.2.3 绘制水平变形值ε、水平移动值U、曲率值K、倾斜值i、下沉速率值V_w等各种移动变形曲线。

8.2.4 绘制地表裂缝分布位置图、裂缝时程变化曲线图等。

8.3 岩层内部变形监测资料整理要求

8.3.1 计算各岩层相对位移量，绘制岩体内部变形曲线。

8.3.2 绘制各监测点位移时程曲线，计算变形速率。

8.4 地下(表)水监测资料整理要求

8.4.1 绘制地下(表)水位、流量等参数的时程变化曲线，周边矿坑(井)排水量时程变化曲线。

8.4.2 通过水质检测结果，分析采空塌陷区水质变化情况。

8.5 监测成果报告内容

a) 项目概况，包括项目来源、监测目的和任务、监测依据、技术路线、项目起止时间、完成工作量及监测成果质量评述。

b) 监测区的地理位置、工程地质条件、采矿条件及建(构)筑物结构参数等。

c) 作业过程及技术方法、采用的仪器设备及检校情况、基准点及监测点布设情况、变形测量精度、数据处理、变形测量周期等。
d) 监测数据统计与分析,绘制各类变形曲线,总结采空塌陷地表变形、岩层内部变形、地下（表）水、地形地貌和植被破坏等变化规律。
e) 监测过程中出现的异常和作业中发生的特殊情况。
f) 结论与建议。
g) 附图、附表应包括基准点及监测点平面布置图,反映采矿、地质条件等与变形相关的各种图表等。

附 录 A
（资料性附录）
自动化监测

A.1 一般规定

A.1.1 以下情况宜采用自动化监测技术：
  a) 需要进行高频次监测的。
  b) 地形陡峭、人工监测存在安全隐患的。
  c) 工程环境复杂、人工监测难以胜任的。
  d) 需要开展信息化管理或有其他特殊要求的。

A.1.2 自动化监测设计应遵循系统稳定、数据可靠、经济实用的原则。

A.1.3 监测仪器应根据监测项目的预测值进行合理选择，监测仪器量程及精度应满足监测技术要求。

A.1.4 自动化监测系统由监测仪器、数据采集装置、通信装置、供电系统、计算机服务器等设备及数据处理系统组成。监测系统应结构简单、便于维护、易于改造和升级。

A.2 监测仪器

A.2.1 根据不同的监测内容，选择合适的监测仪器，可参考表 A.1。

表 A.1 监测仪器参考表

监测内容（项目）	仪器名称	
地表位移变形监测	GNSS 双频接收机、GPS-RTK 三维位移监测仪	
	静力水准仪	
岩体内部变形监测	位移计、分布式光纤	
	固定式测斜仪	
地下水位（水压）监测	水位计	地下水自动监测系统
	渗压计	
地表水位监测	水位计	
雨量监测	雨量计	

A.2.2 监测仪器选择应考虑瓦斯、低温、高水压、土壤腐蚀性等监测环境。

A.2.3 监测仪器安装前应进行检验及标定，严格按照监测仪器技术说明进行安装。

A.2.4 监测仪器及设备应在无电状态下安装，各节点连接正确，做好防爆等安全防护后进行系统测试。

A.2.5 监测仪器安装完成并稳定后，首次测量时应对监测数据与人工测量数据进行相互校核，确保监测数据准确可靠。

T/CAGHP 078—2020

A.3 系统设备

A.3.1 自动化监测系统可定时或实时进行数据采集及传输。

A.3.2 自动化监测系统供电方式可采用电网或太阳能供电。

A.3.3 自动化监测系统应具备以下基本功能：
  a) 监测数据自动采集与远程通信。
  b) 备份数据、自动记录运行日志及故障日志等。
  c) 网络安全防护。
  d) 断电保护。
  e) 防雷及抗干扰。

A.3.4 自动化监测系统基本性能应满足以下要求：
  a) 采集信号形式为模拟信号、数字信号。
  b) 现场监测装置缺电运行时间不小于72 h。
  c) 单点采集时间小于20 s。
  d) 巡测时间不大于20 min。
  e) 数据存储单点不低于800条。
  f) 工作环境适用矿井内极端环境及当地极端气候环境。
  g) 供电 AC220 V±10 %、50 Hz 或 DC12 V。
  h) 通信接口为支持符合国际标准的通用通信接口。

A.3.5 监测数据传输通讯接口标准和协议宜采用RS232、RS485、TCP/IP等标准。

A.3.6 自动化监测系统建立后，定期进行自动化监测数据与人工监测数据比对校核，保证自动化监测数据的准确性。

附 录 B
（资料性附录）
采空塌陷区水平位移速率统计

表 B.1 采空塌陷区水平位移速率统计表

监测点号	月 日—月 日		月 日—月 日		月 日—月 日	
	X 位移量/mm	速率/$(mm \cdot d^{-1})$	X 位移量/mm	速率/$(mm \cdot d^{-1})$	X 位移量/mm	速率/$(mm \cdot d^{-1})$
	Y 位移量/mm	速率/$(mm \cdot d^{-1})$	Y 位移量/mm	速率/$(mm \cdot d^{-1})$	Y 位移量/mm	速率/$(mm \cdot d^{-1})$

记录： 复核：

附 录 C
（资料性附录）
采空塌陷区垂直位移速率统计

表 C.1 采空塌陷区垂直位移速率统计表

监测点号	月 日— 月 日		月 日— 月 日		月 日— 月 日	
	位移量/mm	速率/(mm·d^{-1})	位移量/mm	速率/(mm·d^{-1})	位移量/mm	速率/(mm·d^{-1})

记录： 复核：

附 录 D
（资料性附录）
地表移动变形计算

表 D.1 地表移动变形计算表

项目名称：　　　　　　　　　　　　　　　　　　　　　　　　　　　　观测日期：

观测点号	初始高程 H_0/m	本次观察高程 H_i/m	下沉值 W/mm	下沉差 $\Delta W/\mathrm{mm}$	初始平距 D_0/m	本次平距 D_i/m	拉伸(压缩)值 $\Delta D/\mathrm{m}$	水平移动值 U/mm	倾斜值 $i/(\mathrm{mm \cdot m^{-1}})$	曲率值 $K/(\mathrm{mm \cdot m^{-2}})$	水平变形值 $\epsilon/(\mathrm{mm \cdot m^{-1}})$
1											
2											
3											
4											
5											
…											

注：表中 $W = H_i - H_0$，$\Delta W = W_i - W_{i-1}$，$D_0 = \sqrt{x_0^2 + y_0^2}$，$\Delta D = D_i - D_{i-1}$，$U = x_i - x_0$，$i = \dfrac{y_i - y_{i-1}}{i_{j,j-1}}$，$K = \dfrac{i_j - i_{j-1}}{0.5(l_{j+1,j} + l_{j,j-1})}$，$\epsilon = \dfrac{x_j - x_{j-1}}{i_{j,j-1}}$，式中 x, y 为坐标观测值，j 为点号，l 为监测点之间的距离。